Jens Amberg

Evaluierung eines STK 500

3 Kanal PWM Dimmer Endstufe

Bibliografische Information der Deutschen Nationalbibliothek:

Die Deutsche Bibliothek verzeichnet diese Publikation in der Deutschen National-
bibliografie; detaillierte bibliografische Daten sind im Internet über http://dnb.d-
nb.de/ abrufbar.

Impressum:

Copyright © 2009 GRIN Verlag GmbH
Druck und Bindung: Books on Demand GmbH, Norderstedt Germany
ISBN: 978-3-640-79081-4

Dieses Buch bei GRIN:

http://www.grin.com/de/e-book/163961/evaluierung-eines-stk-500

ELSY

„Evaluierung eines STK 500"

Jens Amberg

Hundsangen 19.02.2009

Inhaltsverzeichnis

Abbildungsverzeichnis

Tabellenverzeichnis

1 Einleitung

In dem vorliegenden Dokument wird die Entwicklung einer elektronischen Flachbaugruppe und dessen Software beschrieben, dokumentiert und dargelegt. Dieses Projekt entstand aus der Vorlesung des Moduls ELSY an der FH Bingen. Die grobe Aufgabenstellung ist mit folgendem Satz definiert worden: „Entwicklungen rund um das Atmel AVR STK 500 Eva-Board". Bei dem STK500 von der Firma Atmel, handelt es sich um ein Evaluierungs-Board. Mit diesem Board ist es möglich gängige 8-bit Mikrocontroller der Firma Atmel, auch AVRs genannt, zu testen und schnell in Betrieb zu nehmen. Weiterhin bietet das STK 500 eine große Anzahl externer Peripherie. Die Auswahl des vertiefenden Themas bestand darin, entweder ein reines Softwareprojekt oder eine zusätzliche Hardware, welche an das STK500 anschließbar ist zu entwickeln. In dem vorliegenden Projekt ist beides realisiert worden. Es ist zum einem eine zusätzliche Flachbaugruppe mit den entsprechenden Anschlüssen an das STK 500 entwickelt worden. Ferner ergab sich dadurch die Notwendigkeit Software für das STK 500 und dessen aufgesteckten Mikrocontroller zu schreiben. Auf den folgenden Seiten werden zunächst eine Einführung und eine Beschreibung von dem STK 500 gezeigt. Weiterhin wird dargestellt, welche Möglichkeiten das STK 500 bietet und wo es an seine Grenzen stößt. Folgend wird die Idee der Zusatzhardware und dessen theoretische Planung gezeigt. Nach diesem Kapitel wird die vollständige Hard- und Softwaredokumentation folgen und abschließend eine Bewertung des Projektes durchgeführt.

2 Beschreibung des STK 500

2.1 Funktionsbeschreibung STK500

Wie bereits in der Einleitung erwähnt ist es mit dem STK 500 möglich, 8-
bit Prozessoren der Firma Atmel zu evaluieren. In der Abbildung 1 ist das
Board ersichtlich.

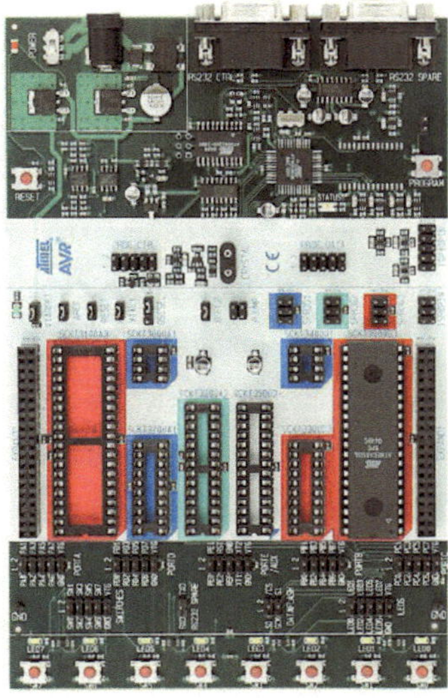

Abbildung 1: STK 500

Der Vorteil des STK 500 besteht darin, dass bereits viele Komponenten auf
dem Board verbaut sind. Folgende Liste gibt ein Übersicht:

- 8 Taster

- 8 LEDS

- RS232 CTRL

- RS232 SPARE

- HC49U Quarz Sockel

- Einstellbarer Aktiver Taktgeber bis 3,68 MHz

- Power Jack 6-12 Volt

- Mikrocontroller ATMEGA8518L

- Verschieden DIP Sockel

Mit den 8 Tastern ist es möglich dem vorhandenen Mikrocontroller digitale Signale vorzugeben, und mit den 8 LEDs ist es wiederum möglich Zustände via Ausgänge des Mirkocontrollers optisch darzustellen. Die eingebaute serielle Schnittstelle[1] kann zur Kommunikation mit einem PC oder auch mit einem anderen Mikrocontroller genutzt werden. Weiterhin existiert ein RS232 CTRL Anschluss. Damit ist es möglich, dass STK 500 einzustellen bzw. mit Hilfe des „STK 500 Protokolls" den gesockelten Mikrocontroller, den ATMEGA8515, zu flashen. Ebenfalls ist es möglich, einen Quarz auf das Board zu stecken, bzw den vorhanden aktiven Taktgeber über die RS232 CTRL einzustellen. Ferner ist ein Powerbuchse auf dem STK500 vorhanden womit des Board mit Spannung versorgt werden kann. Eine Eingangspannung von 6 - 12 Volt ist zulässig. Zu guter letzt besitzt das STK 500 verschiedenste DIP[2] Sockel. Damit ist es möglich, AVRs mit den unterschiedlichen Gehäusegrößen zu verwenden.

---

[1]RS232 SPARE
[2]Dual in-line package

2.2 Mikrocontroller ATmega8518L

Der ATmega8518L ist bei der Auslieferung des STK 500 bereits auf einem DIP40 Steckplatz verbaut. Aufgrund dessen wurde dieser Prozessor bei diesem Projekt eingesetzt. Wie oben bereits vorgegriffen ist der ATmega8515L ein 8-bit Flash Mikrocontroller der Firma Atmel. Dieser ist mit folgenden Leistungsmerkmalen ausgestattet:

- RISC[3] Architektur

- 16 MIPS @ 16 MHz Taktfrequenz

- 8K Flash ROM

- 512 Bytes RAM

- 512 Bytes EEPROM

- 1 8-bit Timer

- 1 16-bit Timer

- 3 PWM Kanäle

- USART, SPI

- Interner RC Oscillator

- Interne Brown Out detection

Ferner ist es möglich den ATmega mit 2,7 bis 5,5 Volt Versorgunsspannung zu betreiben. Dies bedeutet der Kennbuchstabe L am Ende. Ohne L wären nur Spannungen von 4,5 bis 5,5 Volt zulässig. Dabei ist jedoch zu beachten, dass bei einer Spannung kleiner 4,5 Volt der Prozessor nur mit 8 MHz

---

[3]Reduced Instruction Set Computing

betrieben werden darf. Ein weiteres nützliches Merkmal ist der interne Brownout. Dadurch kann auf externes Reset IC verzichtet werden. Es darf jedoch nicht vergessen werden dies über die Fuses zu aktivieren, ansonsten kann beim Shutdown der ATmega sein „Gedächtniss" verlieren. In der folgenden Abbildung 2 ist das STK 500 inkl. Beschriftung der Funktionseinheiten erkenntlich.

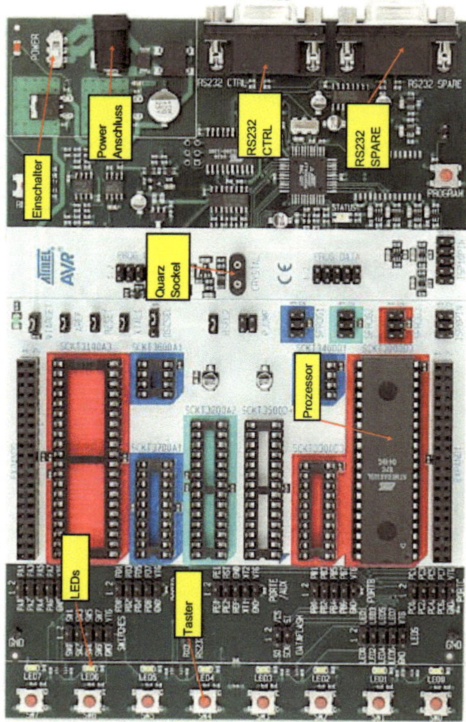

Abbildung 2: STK 500 mit Beschriftung

2.3 Resultierende Aufgabenstellung

Da der ATmega8515L drei PWM Kanäle besitzt, wurde die Entwicklung eines PWM gesteuerten 3-Kanal-Dimmers in Erwägung gezogen. Weiterhin kann der interne RC-Oszillator des ATmega8515 genutzt werden. Dieser hat eine Frequenz von 8 MHz. Damit ist die PWM Grundfrequenz bei einr 8-bit Auflösung auf $f_{PWM} = \frac{F_{CPU}}{Resulution} = \frac{8MHz}{256} = 31,25\ kHz$ festgelegt. Dieser Dimmer soll in der Lage sein 12 Volt Halogenlampen und deren Leuchtstärke mit geringer Verlustleistung abzusenken. Auch soll es möglich sein, einen Gleichstrom durch induktive Lasten inkl. Freilaufdioden zu treiben. Ferner kann dadurch eine Leistungssteuerung in Heizwiderständen realisiert werden. In der folgenden Abbildung 3 ist ein Blockschaltbild der kompletten erdachten Aufgabenstellung abgebildet.

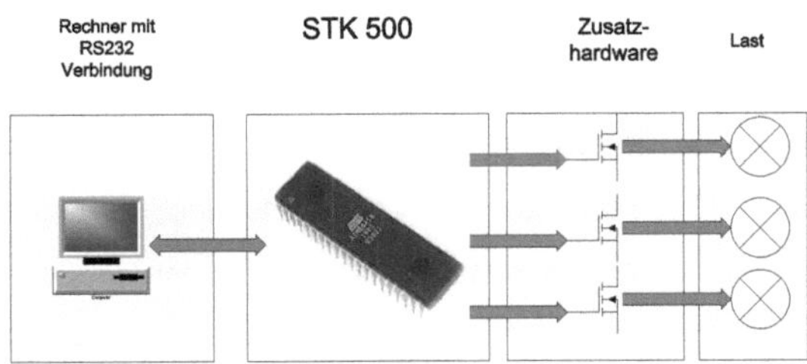

Abbildung 3: Blockschaltbild Zusatzhardware

In dem Blockschaltbild ist zu sehen, dass ein Rechner mit dem STK 500 über RS232 verbunden ist. Das STK 500 ist wiederum mit der Zusatzhardware, auf dieser sich drei Leistungsschalter befinden, verbunden. An dieser Zusatzhardware können drei Lasten parallel angeschlossen werden und unabhängig voneinander angesteuert werden. Da dieses Projekt nicht ohne Entwicklungswerkzeuge durchgeführt werden kann, musste eine Entscheidung gefällte werden, welche Softwarepakete in Frage kommen. Da das Budget sehr klein ist oder, muss natürlich auf Freeware zurückgegriffen werden. Daraufhin wurde für die Layouterstellung das Programm EAGLE[4] 5.3 der Firma Cadsoft verwendet. Dieses Programm ist als Freeware auf der Homepage von Cadsoft[5] verfügbar. Mit dieser Version ist es möglich Layouts mit der Größe einer halbe Europakarte zu erstellen. Dies ist für das Projekt ausreichend. Als Compiler für den AVR wird „WinAVR" eingesetzt. „WinAVR" ist ein Paket in dem sich ein Editor das Programmers Notepad und ein C-Compiler für die AVRs befindet. Der C-Compiler stammt aus der Gnu Compiler Collection (GCC). Dieses Softwarepaket kann unter http://winavr.sourceforge.net/ aus dem Internet geladen werden. Als Debugplattform wurde das AVR-Studio 4.15 von Atmel eingesetzt. Mit dem AVR Studio ist es möglich, die AVRs über die serielle Schnittstelle zu flashen bzw. die Software zu simulieren. Eine ICD[6] Funktion unterstütz das STK 500 nicht. Je nach Bedarf kann auch durch das AVR-GCC Plugin in das AVR Studio als IDE genutzt werden. Das AVR Studio kann entweder von der beim STK 500 beiliegenden Technical CD installiert werden oder die aktuellste Version bei http://www.atmel.com geladen werden. Eine komplette Dokumentation dieser drei Softwarepakete liegt jeweils bei. Aufgrund dessen wird in diesem Dokument nicht weiter auf die Bedienung dieser drei Entwicklungswerkzeuge eingegangen.

2.4 Zeitplan

Um die in Abschnitt 2.3 Aufgaben zu bewältigen, muss ein straffer Zeitplan erarbeite werden. Weiterhin sind an bestimmten Terminen Präsentationen

---

[4]Einfach Anzuwendender Grafischer Layout Editor

[5]www.cadsoft.de

[6]In Circuit Debugging

geplant, in denen der Projektfortschritt dargestellt wird. In der folgenden Tabelle 1 ist der vorgegeben Terminplan ersichtlich:

Tabelle 1: Vorgegeben Zeitplan für das Projekt

Datum	Fortgang	Bemerkung
18.10.08	Vorstellung des Themas	keine
15.11.08	Präsentation des Konzeptes	keine
29.11.08	Einzelgespräch	keine
13.12.08	Präsentation des Zwischenstandes	keine
17.01.09	Einzelgespräch	keine
31.01.09	Abschlusspräsentation	keine
07.02.09	Abgabe der Dokumentation	Verlängert auf 20.2.09

Aus diesem Terminplan ergab sich für dieses Projekt folgende, in der Tabelle 2 aufgeführte, Planung.

Tabelle 2: Angestrebter Zeitlicher Verlauf des Projektes

Datum	Fortgang
18.10.08 - 24.10.08	Erstellung Konzept erste Analysen
24.10.08 - 12.11.08	Erstellen von Schaltplan und Layout
13.11.08 - 15.11.08	Erstellen Präsentation 1
16.11.08 - 01.12.08	Beschaffung Leiterplatte
01.12.08 - 09.12.08	Bestückung und erste Tests
10.12.08 - 13.12.08	Erstellen Präsentation 2
14.12.08 - 24.12.08	Softwareentwicklung
24.12.08 - 28.12.09	Funktionsdurchstich
29.01.09 - 31.01.09	Erstellen Abschlusspräsentation
19.02.09	Fertige Dokumentation abgeben

3 Hardware

In diesem Kapitel wird die Hardware des Projektes beschrieben. Dazu gehören der Schaltplan, Layout sowie die aktiven und passiven Bauelemente. Zunächst wird der Schaltplan dargestellt und die Funktion beschrieben. Ebenfalls werden dabei die Bauteileigenschaften erläutert und es folgt eine Auswahl und Begründung. Ferner wird auf der Layoutebene die Platzierung der Bauteile dargelegt.

3.1 Schaltplan und Funktionsbeschreibung

In der folgenden Abbildung 4 ist der Schaltplan der Zusatzhardware ersichtlich. Auf diesem Schaltplan sind die Funktionseinheiten räumlich getrennt gezeichnet. Links auf dem Schaltplan sind die Anschlusse, welche mit dem STK 500 verbunden werden zu erkennen. Dies wären die Stecker J1, J2 und J3. Dies sind 10-polige Pfostenwannen. Weiterhin ist der Anschlussstecker X4 der Spannungsversorgung zu sehen. An diesen können die 12 Volt Spannungsversorgung angeschlossen werden. Weiterhin ist die Zuleitung mit einer 5x20 mm 10 A Glassicherung abgesichert. Der Kern der Schaltung befindet sich in den Funktionsblöcken PWM Leistungskanal 1 bis PWM Leistungskanal 3. Anhand dieser Blöcke ist die Funktionsweise erkennbar und wird nun anhand des ersten Blockes erklärt. Die Erklärung gilt analog für zweiten und dritten Block. In dem PWM Leistungskanal 1 ist die Diode D1, der Transistor T1 und der Widerstand R1 erkennbar. Weiterhin ist der Anschlussstecker X1 ersichtlich. An diesem Stecker X1 wird die gewünschte Last angeschlossen. Durch zu voriges Anschließen der Versorgungsspannung an Stecker X4 wird die Last an X1 versorgt. Durch den Transistor T1 kann die Last am Anschluss X1-2 auf Masse gelegt werden und die Last wird somit bestromt.

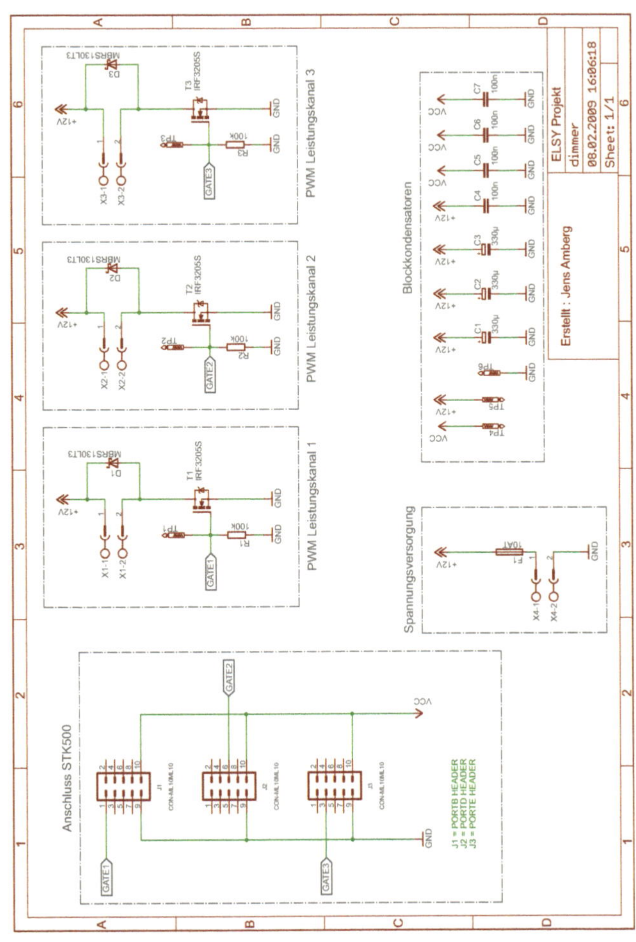

Abbildung 4: Schaltplan Zusatzhardware

Der Transistor T1 wird durch das Signal GATE1 angesteuert. Aufgrund der Sourceschaltung werden keine Gatetreiber benötigt da der Mikrocontroller 20 mA auf einem I/O Pin liefern kann. Jedoch sollte ein Transistor mit kleiner Gatekapazität gewählt werden. Dazu mehr jedoch in Abschnitt 3.2. Mit dem Pulldown-Widerstand R1 bekommt der Transistor ein definiertes Signal, wenn kein äußeres Signal vorhanden ist. Wird nun das Gate mit einer PWM angesteuert, ergibt sich bei einer ohmschen Last eine Rechteckspannung. Je nach Pulsbreite variiert somit der arithmetische Mittelwert der Spannung der wie folgt definiert ist:

$$\overline{U} = \frac{1}{T} \int_0^T u(t)dt. \tag{1}$$

Ebenso ergibt sich bei einer ohmschen Last ein Stromverlauf der proportional zur Spannung ist, da $I = \frac{U}{R}$ gilt. Anders sieht dies bei einer induktiven Last aus. Dadurch, dass eine induktive Last durch das gespeicherte Magnetfeld beim Abschalten des Transistors ihre Energie abgeben will, entsteht eine Spannungserhöhung. Diese wird mit der Diode D1 vermieden. Dadurch kann das Magnetfeld der Spule von der induktiven Last durch einen Stromfluss ohne äußere Spannungserhöhung abgebaut werden. Dies ist der so genannte Freilaufstrom. Aufgrund dessen wird D1 auch als Freilaufdiode bezeichnet. In der folgenden Abbildung 5 sind die theoretisch zu erwartenden Stromverläufe bei einer Pulsbreite der PWM von 50 % abgebildet.

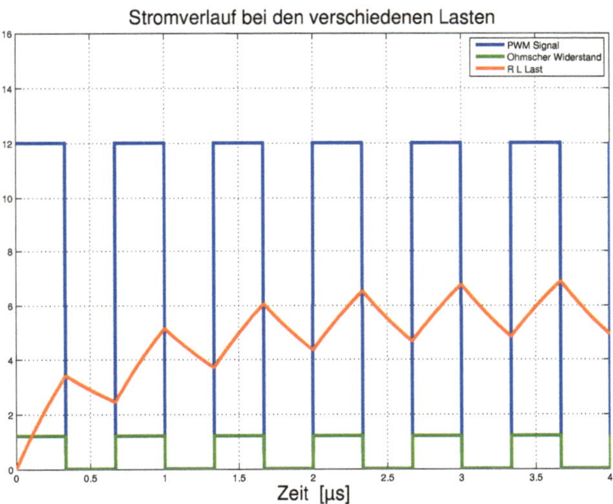

Abbildung 5: Stromverläufe bei induktiver und ohmscher Last

Der grüne Graph spiegelt den Stromverlauf bei einer ohmschen Last wieder und der rote bei einer ohmsch-induktiven Last. Es ist zu erkennen, dass bei der ohmschen Last der Strom bei jeder PWM Pause auf null springt. Bei der induktiven Last entsteht ein Gleichstrom mit einer gewissen Restwelligkeit. Erkennbar in dem roten Graphen der Abbildung 5. Bei induktiven Lasten, wo ein Strom mit einer Welligkeit nahe null gewünscht ist, helfen folgende Dimensionierungsgleichungen.

$$f_{PWMOPT} = 10 \cdot \frac{R}{L}. \tag{2}$$

Mit der Gleichung 2 kann die PWM-Frequenz errechnet werden, die benötigt wird um annähernd einen Gleichstrom mit verträglichem Aufwand bei einer ohmsch-induktiven Last zu erreichen. Unabhängig davon errechnet sich weitergehend der Gleichanteil des Stromes wie folgt:

$$I = \frac{1}{T} \int_0^T i(t)dt. \tag{3}$$

Der Effektivwert des Mischstromes kann mit folgender Gleichung 4 ermittelt werden:

$$I_{eff} = \sqrt{\frac{1}{T} \int_0^T i^2(t)dt.} \tag{4}$$

Die Welligkeit w_i kann mithilfe der Gleichungen 3 und 4 ermittelt werden. Die Welligkeit ist wie folgt definiert:

$$w_i = \sqrt{\left(\frac{I_{eff}}{I}\right)^2 - 1.} \tag{5}$$

Aus Gleichung 5 ist erkennbar, dass die Welligkeit zwei Grenzwerte besitzt. Für reine Wechselströme ergibt sich:

$$\lim_{I \to 0} \sqrt{\left(\frac{I_{eff}}{I}\right)^2 - 1} = \infty. \tag{6}$$

Bei einem reinen Gleichstrom ergibt sich $w_i = 0$, da bei einem Gleichstrom $I = I_{eff}$ ist. In Abschnitt 5 werden die soeben erläuterten Fakten praktisch untermauert.

3.2 Wahl der Bauteile

Damit die obig genannten Funktionen bereitgestellt werden können, und dies auch sicher Funktioniert müssen die Bauteile mit Bedacht ausgewählt werden. Zum einem muss der Schalttransistor schnell Schalten, damit keine Verlustleistung entsteht, zum anderen muss die Gatekapazität C_{iss} gering sein. Ferner sollte der $R_{DS(ON)}$ des Transistors unter $20\ m\ \Omega$ liegen. Zur

Auswahl kam der IRF3205S. Dies ist ein N-Kanal HEXFET Power MOSFET der Firma International Rectifier. Folgend sind die wichtigsten Eigenschaften aufgeführt. Merkmale:

- Sehr kleiner Einschaltwiderstand

- Dynamisches dv/dt Rating

- 175 °C Arbeitstemperatur

- Schnell schaltend

Dadurch ergeben sich folgende Größen:

- $V_{DSS} = 55V$

- $R_{DS(ON)} = 8m\Omega$

- $I_D = 110A$

- $V_{GS} = \pm 20V$

- $C_{iss} = 3247pF$

Aufgrund des geringen Einschaltwiderstandes und der geringen Gatekapazität eignet sich dieser Transistor hervorragend. Weiterhin muss ein Energiespeicher zum stabilisieren der Versorgunsspannung und eine Freilaufdiode ausgewählt werden. Als Energiespeicher wurde ein „LOW ESR" Elko von Panasonic vom Typ EEEFP1V331AP verwendet. Dieser wurde gewählt, da dieser einen Rippelstrom von $I_{rms} = 1190\ mA$ verträgt und lediglich einen ESR von $R_{ESR} = 0,06\ \Omega$ besitzt. Bei der Diode wurde eine Schottkydiode herangezogen da dieser Diodentyp kleine Flussspannungen aufweißt. Bei dem eingesetzten Typ MBRS130LT3 von On Semiconductor stellt sich bei einem Vorwärtsstrom von $I_f = 1\ A$ eine Flussspannung von $V_F = 0,395\ V$

ein. Tiefere Informationen über die Bauelemente können aus [ ], [ ] und [ ]
entnommen werden.

3.3 Layout

Damit die Schaltung ihren Dienst erfüllt spielt die Anordnung der Bauteile
auf dem Layout ebenfalls eine wichtige Rolle.

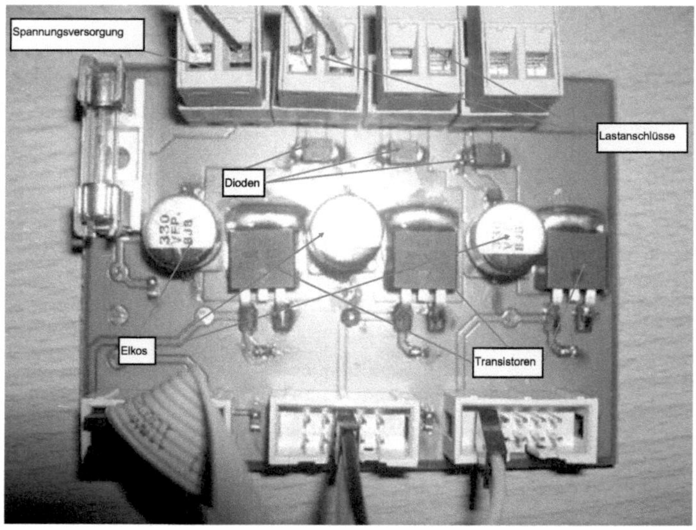

Abbildung 6: Fertiges Layout

Auf der Abbildung 6 ist zu erkennen, dass die Elkos dicht an den Transistoren sitzen. Dies ist nötig damit zum einen die speisende Quelle nicht mit
„Peakströmen" zerstört wird, und die Spannung an der Last selbst stabil
bleibt. Weiterhin sind die Dioden direkt unter den Anschlüssen positioniert.
Die wurde so gewählt, damit bei dem schalten der Lasten Spannungsspit-
zen direkt am Stecker abgefangen werden und nicht tiefer in die Schaltung

oder andere Komponenten vordringen können. An den drei Pfostenwannen ist jeweils das Gate der Transistoren angeschlossen. Man sieht die zuführenden Kabel auf der Abbildung. Diese stammen von dem STK 500 und übertragen die drei PWM-Signale. Die drei PWM Signale können von dem STK 500 abgegriffen werden. Natürlich müssen dazu die richtigen Pins des ATmegas gewählt werden. In der Abbildung 7 ist die Pinbelegung ersichtlich.

PDIP

(OC0/T0) PB0 — 1	40 — VCC
(T1) PB1 — 2	39 — PA0 (AD0)
(AIN0) PB2 — 3	38 — PA1 (AD1)
(AIN1) PB3 — 4	37 — PA2 (AD2)
(SS) PB4 — 5	36 — PA3 (AD3)
(MOSI) PB5 — 6	35 — PA4 (AD4)
(MISO) PB6 — 7	34 — PA5 (AD5)
(SCK) PB7 — 8	33 — PA6 (AD6)
$\overline{\text{RESET}}$ — 9	32 — PA7 (AD7)
(RXD) PD0 — 10	31 — PE0 (ICP/INT2)
(TDX) PD1 — 11	30 — PE1 (ALE)
(INT0) PD2 — 12	29 — PE2 (OC1B)
(INT1) PD3 — 13	28 — PC7 (A15)
(XCK) PD4 — 14	27 — PC6 (A14)
(OC1A) PD5 — 15	26 — PC5 (A13)
$(\overline{\text{WR}})$ PD6 — 16	25 — PC4 (A12)
$(\overline{\text{RD}})$ PD7 — 17	24 — PC3 (A11)
XTAL2 — 18	23 — PC2 (A10)
XTAL1 — 19	22 — PC1 (A9)
GND — 20	21 — PC0 (A8)

Abbildung 7: Pinbelegung ATmega8515

Die markierten Pins sind die PWM Ausgänge. Wobei folgende Zuordnung gilt:

- PWM Kanal 1 = OC0 = PB0

- PWM Kanal 2 = OC1A = PD5

- PWM Kanal 3 = OC1B = PE2

Auf den Anschlussbezeichnungen des STK 500 wird aber die Portbezeichnung genannt. Deswegen muss beim Verkabeln auf die Portbezeichnung geachtet werden. Da die Hardware ohne Software nicht funktioniert muss selbstverständlich auch der ATmega mit einer Software ausgestattet werden. Dies wird im nächsten Anschnitt 4 beschrieben.

4 Software

In diesem Abschnitt werden die Funktionen der Software für dieses Projekt beschrieben. Die Quellen der Software sind in C geschrieben. Wie bereits erwähnt wurde als Compiler ein GCC verwendet. Der Buildprozess mit „WinAVR" und der Flashprozess über das AVR Studio wird an dieser Stelle nicht beschrieben, da dies trivial ist und in der Dokumentation der Softwarepakete beschrieben ist. An dieser Stelle wird der Schwerpunkt auf die Bedienung der Software gelegt, sowie die Beschreibung der verwendeten Softwarefunktionen und den dazugehörigen Dateien. Weiterhin wird die Anwendung und der Befehlssatz über die serielle Schnittstelle beschrieben

4.1 Quellcodedateien

Der Quellcode für diese Projekt besteht aus folgenden Dateien:

- main.c

- uart.c & uart.h

- comhandler.c & comhandler.h

- data.h

- Makefile

- ELSYS.pnpproj

4.2 Aufgaben der Module

4.2.1 Aufgabe des Moduls main.c

In der main.c wird Prozessor als erstes initialisiert und läuft dann in einer
Endlosschleife. Aus dem Aufrufgraph in der Abbildung 8 ist dies deutlich zu
erkennen.

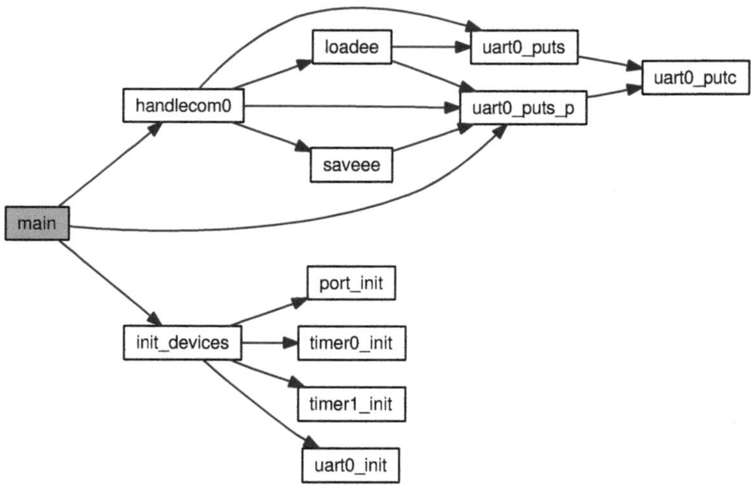

Abbildung 8: Aufrufgraph main

Es ist oben zu sehen, dass in der main die Funktion `init_devices()` aufgerufen wird. Diese Funktion wiederum ruft die Funktionen `port_init`,
`timer0_init()`,`timer1_init()` und `uart0_init()` auf. Die Namen der Funktionen sind selbsterklärend. Der erste Aufruf initialisiert die Ports des ATmegas, die nächsten beiden die Timereinheiten und der letzte Aufruf die serielle Schnittstelle. Nachdem die Hardware initialisiert worden ist, wird zyklisch
in einer endlos Schleife die Funktion `handlecom0(&uart0)` mit der Daten-

struktur uart0 aufgerufen, aber nur wenn über die serielle Schnittstelle die Returntaste empfangen worden ist. Das Empfangen der seriellen Daten ist über einen Interrupt gesteuert. Die ISR[7] befindet sich ebenfalls in der main.c und heißt `ISR(USART_RX_vect)`.

4.2.2 Aufgabe des Moduls uart.c

Diese Datei stellt Funktionen zum Senden von Zeichen über die serielle Schnittstelle zu Verfügung. Da der GCC für die ATmegas nicht ANSI-C konform ist, werden Daten die mit „const" deklariert sind zusätzlich ins RAM kopiert, wenn man diese Daten über die serielle Schnittstelle ausgeben will. Dies ist nicht erwünschtaufgrund des unnötigen RAM verbrauchs. Deswegen müssen Extrafunktionen geschrieben werden, die Zeichenketten direkt aus dem ROM heraus über die serielle Schnittstelle ausgeben können. Folglich ergeben sich 4 Funktionen. Und zwar:

```
void uart0_init(void);
void uart0_putc(char);
void uart0_puts(char *);
void uart0_puts_p(const char *s);
```

Die ersten drei Funktionen sind selbserklärend, die letztere mit dem p am Ende, ist die Funktion um ROM-Operationen auszuführen. Das mit dem p ist eine Einigung im GCC. Alle Funktionen aus der stdlib.h die mit Zeichenketten im ROM arbeiten sollen, sind am Ende mit einem großem P gekennzeichnet. Daraus ergibt sich, dass alle Benutzerfunktionen die im ROM arbeiten mit einem kleinem p enden.

---

[7] Interrupt Service Routine

4.2.3 Aufgabe des Moduls comhandler.c

In der Datei comhandler.c wird die empfangene Zeichenkette über die serielle Schnittstelle verarbeitet. Weiterhin befinden sich dort die EEPROM Speicher-und Ladefunktionen, da diese aus der Funktion `comhandler(&uart)` aufgerufen werden.

4.2.4 data.h

In dieser Datei sind alle Datenstrukturen definiert.

4.2.5 Makefile

Bauplan der Quelldateien. Auf gut deutsch die „mach mal" Anweisung für den Preprozessor, Compiler und Linker. Wird dieses ausgeführt, erzeugt der Linker eine „main.hex". Dies ist die Datei in den Speicher bzw. Flash des ATmegas gebrannt werden muss.

4.2.6 ELSYS.pnpproj

Projektdatei für das Programmer´s Notepad. Um dies nochmals zu verdeutlichen. Das Programmers Notepad ist nur ein Editor (aber ein sehr guter) kein Compiler, Linker oder sontiges. Natürlich kann auch ein anderer Editor verwendet werden. Der Vorteil des Programmer´s Notepad ist aber die bereits integrierten Make-Option für die AVRs. Dadurch ist es auf Knopfdruck möglich Makes und Cleans durchzuführen.

4.3 Befehlsliste

Damit ein Host PC mit dem ATmega kommunizieren kann wird ein beliebiges Terminalprogramm[8] benötigt. Die Einstellungen für dieses Programm lauten wie folgt:

- Baud rate 19200

- Data 8 bit

- Parity keine

- Stopbits 1 bit

- Flusskontrolle keine

Wenn dies eingestellt ist und der PC mit dem STK 500 verbunden ist stehen folgende Befehle zu Verfügung.

- setpwmaXXX

- setpwmbXXX

- setpwmcXXX

- getpwma

- getpwmb

- getpwmc

- saveee

- loadee

---

[8]z.B Hyperterminal oder TeraTerm

Diese Liste kann mit dem Befehl „help" auch angezeigt werden. Mit dem Befehl "setpwmaXXX" kann die PWM A[9] verändert werden. Es sind Werte von 0 - 255 erlaubt. Dabei bedeutet 0 ständig aus 127 eine Pulsbreite von 50 % und 255 100 % an. Soll also eine PWM mit 50 % eingestellt werden gibt man im Terminal "setpwma127" ein und bestätigt dies mit der Return Taste. Sollte ein Tippfehler unterlaufen sein, meldet das Terminalprogramm „Syntax error" und es kann ein neuer Befehl eingegeben werden. Sollte der interner Speicher für Zeichenketten überlaufen, wird dies mit einem „Buffer overflow uart1" gemeldet. Maximal sind 20 Zeichen erlaubt. Jedoch sind alle Befehle kürzer, dies ist nur ein Schutz vor einem Absturz, wenn unsinnige Zeichenfolgen eingegeben werden. Das selbe gilt für die Befehle „setpwm-bXXX" und „setpwmcXXX". Mit den „get" Befehlen werden die aktuelle eingestellten PWM Werte ausgelesen und angezeigt. Mit dem Befehl „saveee" werden alle drei PWM Werte ins EEPROM gepeichert. Dies ist nützlich, da beim Reset des Prozessors alle PWM Ausgänge auf null geschaltet werden. Sollen die alten Einstellung die zuvor gespeichert worden sind wieder agerufen werden, ist dies mit dem Befehl „loadee" möglich.

---

[9]OC0 an PB0

5 Inbetriebnahme der Hardware und Test

In diesem Abschnitt wird die Hardware mit Beispielen in Betrieb genommen. Weiterhin wird die Steuerung der Hardware über die serielle Schnittstelle dargelegt. Ferner werden einige Testergebnisse dargestellt.

5.1 Aufbau und Verkabelung der Hardware

Damit das STK 500, die Zusatzhardware und die Kommunikation über die serielle Schnittstelle funktionieren, müssen folgende Schritte durchgeführt werden. Als erstes muss die Software „main.hex" auf den ATmega8515 geflasht werden. Dies kann in der Dokumentation des AVR Studios nachgelesen werden. Die notwendige Verkabelung ist in der Abbildung 9 ersichtlich. Es ist selbstverständlich, dass das STK 500 über den Schiebeschalter eingeschaltet wird, damit der Brennvorgang funktioniert. Über dem Schiebeschalter befindet sich eine rote LED. Diese leuchtet dauerhaft, wenn das STK 500 eingeschaltet ist. Des weiteren muss das STK 500 mit einem Steckernetzteil an der Powerbuchse mit ca. 12 Volt DC versorgt werden. Da sich auf dem STK 500 eine B2U Schaltung befindet kann auch Wechselspannung eingespeist werden. Ebenfalls ist dadurch die Polung der DC Buchse egal. Man sollte aber mit dem Effektivwert der Spannung zwischen 6 und 12 Volt bleiben. Liegt die Spannung unter 6 Volt ist der Spannungsfall über den Graetz zu hoch. Bei einer höheren Spannung kann der 7805 nach dem Greatz bei bestimmter Belastung den Dienst quittieren.

Abbildung 9: Verkabelets STK 500 für Flashen des Prozessors

Danach wird das Kabel des seriellen Anschlusses auf die RS232 SPARE Buchse umgesteckt. Ist dies geschehen, kann das STK 500 mit der Zusatzhardware verkabelt werden. Ferner muss an die Zusatzhardware ebenfalls eine Spannung von 12 Volt an den Stecker X4 angeschlossen werden. Dabei ist auf die Polarität zu achten, dies ist aus dem Schaltplan zu entnehmen. Die Spannungsquelle muss ein Strom je nach Last von 5 Ampere liefern können. Ferner müssen die PWM Kanäle des Prozessors über Kabel mit der Zusatzhardware verbunden werden, ersichtlich in Abbildung 10.

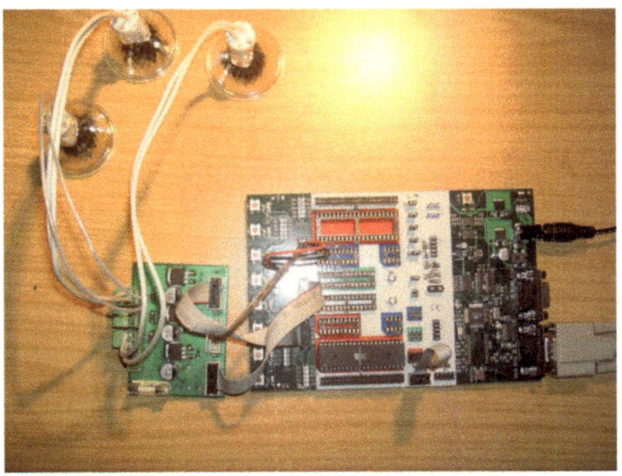

Abbildung 10: Verkabelets STK 500 für den normalen Betrieb

5.2 Beispiel Terminal

Ist alles verkabelt kann ein Terminal geöffnet und konfiguriert werden. Wenn jetzt das STK 500 eingeschaltet wird sollte man mit den Worten „Device start and init......." begrüßt werden. Zu sehen ist dies in der Abbildung 11. Weiterhin ist auf dieser Abbildung zu erkennen, dass durch den Befehl „help" alle Kommandos angezeigt werden. In der nächsten Abbildung 12 wird die PWM A zunächst überprüft. Danach wird diese mit Hilfe von „setpwm127" auf den Wert 127 gesetzt. Folgend wird der Wert gespeichert. Der Erfolg des Speichern wird durch die Meldung „Saving done" bestätigt. Es wird erneut der Wert abgefragt und das STK 500 neu gestartet. Dies ist durch das erneut „Device start und init...." erkennbar. Danach erfolgt wiederum ein abfragen des PWM A Kanals. Es iwrd ein Wert von 0 angezeigt. Durch „loadee" wird letztendlich der Wert wieder auf 127 gesetzt. Dies funktioniert natürlich mit allen drei Kanälen in beliebiger Kombination.

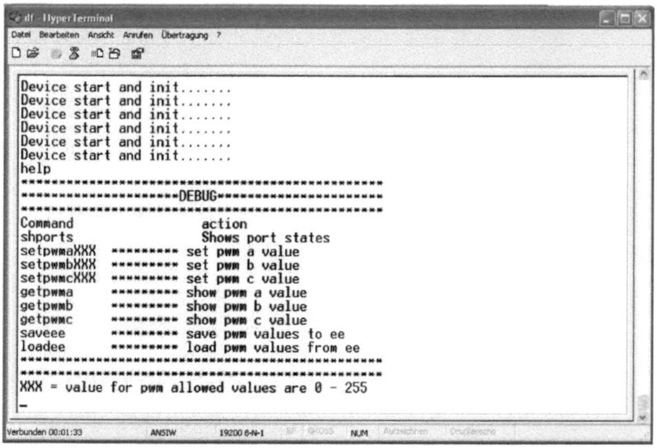

```
Device start and init.......
Device start and init.......
Device start and init.......
Device start and init.......
Device start and init.......
Device start and init.......
help
**************************************************
*******************DEBUG**************************
**************************************************
Command                 action
shports                 Shows port states
setpwmaXXX  ********* set pwm a value
setpwmbXXX  ********* set pwm b value
setpwmcXXX  ********* set pwm c value
getpwma     ********* show pwm a value
getpwmb     ********* show pwm b value
getpwmc     ********* show pwm c value
saveee      ********* save pwm values to ee
loadee      ********* load pwm values from ee
**************************************************
**************************************************
XXX = value for pwm allowed values are 0 - 255
_
```

Abbildung 11: Terminalbeispiel 1

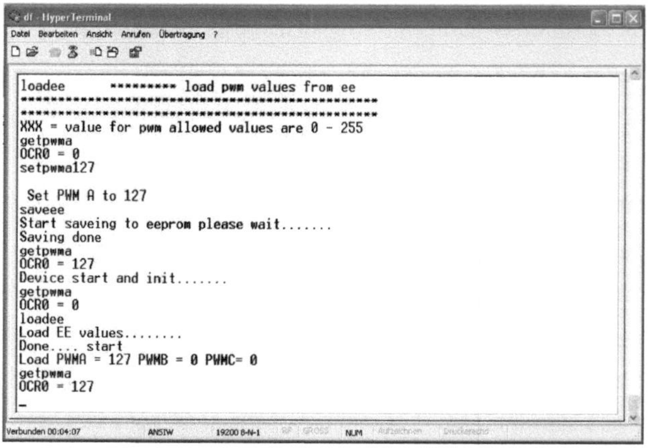

```
loadee      ********* load pwm values from ee
**************************************************
**************************************************
XXX = value for pwm allowed values are 0 - 255
getpwma
OCR0 = 0
setpwma127

 Set PWM A to 127
saveee
Start saveing to eeprom please wait.......
Saving done
getpwma
OCR0 = 127
Device start and init.......
getpwma
OCR0 = 0
loadee
Load EE values........
Done.... start
Load PWMA = 127 PWMB = 0 PWMC= 0
getpwma
OCR0 = 127
_
```

Abbildung 12: Terminalbeispiel 2

5.3 Testergebnisse

Zu guter Letzt wurde die Hardware mit realen Lasten getestet, und die Signalverläufe mit einem Oszilloskop aufgezeichnet. In den nächsten Abbildungen 13 und 14 sind die Ergebnisse ersichtlich. Es wurden drei Messgrößen erfasst. Zum einem die PWM Steuerspannung, zum anderen die Drainspannung des Transistors und als letztes der Strom durch die jeweilige Last. In der Abbildung 13 sind die Verläufe bei der ohmschen Last dargestellt.

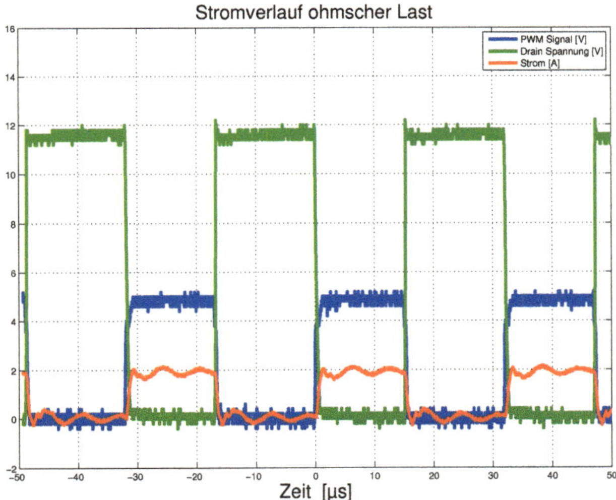

Abbildung 13: Stromverlauf ohmsche Last

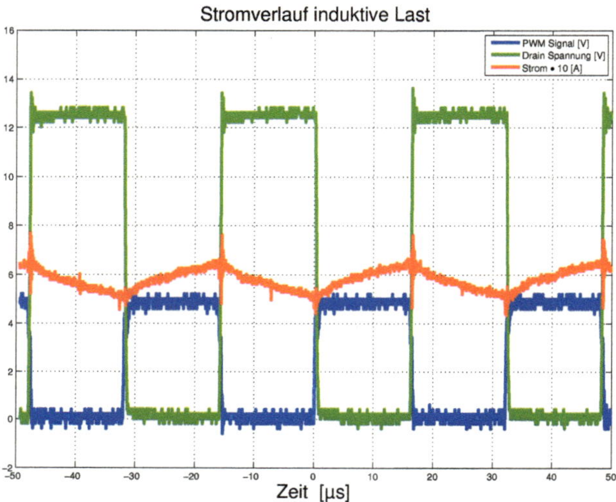

Abbildung 14: Stromverlauf induktive Last

In den vorherigen zwei Abbildung 13 und 14 wurde das bestätigt, was bereits im Abschnitt 3.1 theoretisch Erarbeitet worden ist.

6 Zusammenfassung

In den obigen Abschnitten wurde die Entwicklung einer elektronischen Flachbaugruppe zum Anschluss an das STK 500 von Atmel gezeigt. Bei der elektronischen Flachbaugruppe handelte es sich um einen 3 Kanal PWM-Dimmer der über einen 8-bit Mikrocontroller der Firma Atmel angesteuert wird. Mit dieser Zusatzhardware ist es möglich, DC Spannungen verlustärmer als mit einem herkömmlichen linear Regler[10] über PWM in eine geringer Spannung zu wandeln. Mit Hilfe des STK 500 konnte die Anbindung an die Flachbaugruppe schnellst möglich realisiert werden, da auf dem STK 500 sämtliche Komponenten vorhanden sind. Dies ist auch ein entscheidender Vorteil des STK 500. Damit ist es möglich gewesen schnell und effizient Software und Zusatzhardware zu testen und in Betrieb zu nehmen. Weiterhin ist auch das vorhanden sein eines freien C Compilers von Vorteil. Durch diese Gegebenheiten kann mit dem STK 500 sehr schnell Software für die AVR Reihe evaluiert werden, sowie Hardware rund um einem Mikroprozessor getestet werden. Jedoch hat das STK 500 einige Beschränkungen. Zum einem kann es nicht die Hardware debuggen. Zum anderen können ledeglich DIP AVRs auf dem STK 500 benutzt werden. Sollen weiter AVRs im TQFP Gehäuse oder ähnlichem getestet werden, muss ein weiteres mal in sogenannte TOP-Module investiert werden. Jedoch ist dieses Board alles in allem für einen Einstieg in die 8-bit AVR Werlt ein gelungenes Produkt.

---

[10]78XX oder ähnliches

7 Liste der verwendeten Symbole

Symbol	Einheit	Benennung der Größe
I	A	Elektrischer Strom
U	V	Elektrische Spannung
R	Ω	Widerstand
L	$\frac{Vs}{A}$	Induktivität
C	$\frac{As}{V}$	Kapazität
f	$\frac{1}{s} = Hz$	Frequenz
$u(t)$	V	Zeitlicher Spannungsverlauf
$i(t)$	A	Zeitlicher Stromverlauf
w	1	Welligkeit

Literatur

[1] Lindner Helmut: Taschenbuch der Elektrotechnik und Elektronik, 7. Auflage, Carl Hanser Verlag, Leipzig 1999

[2] http://www.mikrocontroller.net/articles/AVR-GCC-Tutorial, AVR-GCC-Tutorial, Version vom 20.02.2009

[3] Schmitt Günther, Mikrocomputertechnik mit Controllern der Atmel AVR-RISC-Familie, 1. Auflage, Oldenbourg Wissenschaftsverlag GmbH, München 2005

[4] Atmel: ATmega8515L Datasheet, Rev.2512J-AVR-10/06

[5] On Semiconductor: MBRS130LT3 Datasheet November, 2006 - Rev 7 22

[6] International Rectifier: IRF3205S Datasheet, 09/06/02 22

[7] Panasonic: Aluminum Electrolytic Capacitors Type FV Suffix V Datsheet, 01 Feb. 2009 22